食用菌栽培技术图说丛书

图说毛木耳高效栽培关键技术

王 波 张 丹 鲜 灵 编著

金盾出版社

内 容 提 要

　　本书由四川省农科院食用菌开发研究中心王波副研究员等编著。内容包括：毛木耳的生物学特性，栽培设施及设备，菌袋制作，出耳管理，产品加工，病虫害防治等。全书除内容丰富，通俗易懂外，还将关键技术用图片表示，力求达到看图学习生产技术，照图种植的目的，适合食用菌专业户，食用菌生产场及加工厂和相关人员阅读。

图书在版编目(CIP)数据

图说毛木耳高效栽培关键技术/王波等编著. —北京：金盾出版社，2004.12
（食用菌栽培技术图说丛书）
ISBN 978-7-5082-3275-1

Ⅰ.图…　Ⅱ.王…　Ⅲ.木耳-栽培-图解　Ⅳ.S646.6-64

中国版本图书馆 CIP 数据核字(2004)第 104682 号

金盾出版社出版、总发行
北京太平路 5 号（地铁万寿路站往南）
邮政编码：100036　电话：68214039　83219215
传真：68276683　网址：www.jdcbs.cn
封面印刷：北京精美彩印有限公司
正文印刷：北京外文印刷厂
装订：东杨庄装订厂
各地新华书店经销
开本：787×1092 1/32　印张：2.875　字数：59 千字
2011 年 2 月第 1 版第 3 次印刷
印数：19001—20000 册　定价：12.00 元
（凡购买金盾出版社的图书，如有缺页、
倒页、脱页者，本社发行部负责调换）

前　　言

　　毛木耳 [*Auricularia polytricha* (Mont.) Sacc] 是一种易栽培、产量高、易干制加工贮藏的食用菌。根据产品质量分为黄背木耳和白背木耳两种。毛木耳大面积栽培始于20世纪80年代初。四川省大面积生产毛木耳已有20余年了，年生产量达2亿余袋；在河南和福建等省也有大面积生产，福建省生产的毛木耳产品主要为白背木耳。毛木耳产品在国内销量大，加工产品耳片、耳块和耳丝等可出口。

　　作者根据多年从事毛木耳科研的研究成果和推广应用的生产经验，并吸收了同行专家的一些实用做法和技术，撰写出了《图说毛木耳高效栽培关键技术》一书。书中关键操作环节用图片表示，图文并茂，使读者一目了然，力求达到看图学技术，照图操作之目的。在编写该书过程中，得到了四川省科技厅新品种项目资助和四川省农科院科技处等的资助。涂改临先生和丁胡广先生提供了部分白背木耳照片和资料，许多生产者为我们提供了拍摄照片的现场和实物，并得到了作者所在单位诸位同事的支持，在此一并致谢！

　　由于作者水平有限，书中错漏之处，敬请读者不吝赐教。

编著者

2004年6月

王　　波：四川省农业科学院土壤肥料研究所

张　　丹：中国科学院成都山地灾害与环境研究所

鲜　　灵：四川省农业科学院食用菌开发研究中心

地　　址：成都市外东静居寺路20号

邮　　编：610066

目　　录

一、概　述

（一）开发利用现状及前景

　　毛木耳是我国主要栽培食用菌之一，2002年全国产量达到71.6万吨，占食用菌总产量的8.17%，居第四位。毛木耳耳片大而厚，产量高，易栽培和干制加工。四川省从20世纪80年代初开始大面积栽培，年生产量2亿余袋，并已推广应用到全国各地，现在河南省也已成为一个年生产量达到1亿袋以上的主产地之一。毛木耳根据其产品质量分为黄背木耳和白背木耳两类。黄背木耳产品主要在国内销售；白背木耳产品出口量大，价格高。在四川和河南等地生产的毛木耳产品为黄背木耳，福建省生产的为白背木耳。毛木耳的耳片、耳块和耳丝等精加工产品可供出口，国内销售的产品为粗加工耳片。毛木耳是夏季生产的耳类，可利用棉籽壳、木屑、玉米芯等多种原料栽培。耳片易干制加工，并多以干耳销售，因而，深受生产者的喜爱，并得以开展大面积生产，许多生产者靠栽培毛木耳而致富。因此，毛木耳是一种有着极大开发利用前景的食用菌类。

（二）经济价值

1. 营养价值

　　黄背木耳耳片肥厚，清脆鲜美，营养丰富。白背木耳干品正面黑色而有光泽，背面白色，耳片平展，外表形态美观，耳片厚而大，柔软可口，是我国重要的毛木耳出口产品。据分析，黄背木耳中粗蛋白质含量为9.4%，粗纤维为21.17%，氨基酸总量为6.96%（表1）。此外，黄背木耳中还含有维生素 C 1.5 毫克／100 克，维生素 B₁ 0.03 毫克／100 克。

表1　毛木耳氨基酸含量（%）

氨基酸	异亮氨酸	亮氨酸	赖氨酸	蛋氨酸	苯丙氨酸	苏氨酸	缬氨酸	酪氨酸	丙氨酸	精氨酸	天门冬氨酸	甘氨酸	组氨酸	脯氨酸	谷氨酸	丝氨酸
含量	0.26	0.52	0.51	0.05	0.37	0.44	0.40	0.26	0.54	0.57	0.69	0.36	0.51	0.33	0.76	0.39

2．药用价值

毛木耳具有较高的药用价值。据《中国药用菌》及《中国药用真菌图鉴》记载，其性平，味甘，有益气强身，活血，止血之功效。可用于治寒湿性腰腿疼痛，产后虚弱，抽筋麻木。治外伤引起的疼痛，血脉不通，麻木不仁，手足抽搐；治白带过多，便血，痔疮出血；治反胃多痰，误食毒蕈中毒；治年老生疮久不封口等。据日本文献报道，毛木耳绒毛中含有丰富的多糖，是抗肿瘤活性最强的六种药用菌之一。

据钟韩等报道，毛木耳中所含的粗多糖，能使出血时间缩短，其止血机制，主要是通过提高血小板的功能而实现。贾卫梅等报道，从毛木耳中分离出来的腺苷和粗多糖，能促进兔子的血小板聚集，为毛木耳具有止血功效提供了科学依据。据药理实验，连续给小鼠喂食毛木耳后，测定其胆固醇含量，发现血中胆固醇下降20%。对小白鼠 S-180 癌及艾氏癌的抑制率分别为 90% 和 80%。

二、生物学特性

(一) 分类地位

毛木耳又叫黄背木耳、白背木耳、大木耳、粗木耳等。在分类上隶属于担子菌纲，木耳目，木耳科，木耳属。

学名：*Auricularia polytricha*（Mont.）Sacc.

英文名：hairy wood ear；hairy jew's ear；mouleh.

日文名：アラゲキクラゲ（粗毛木耳）。

(二) 常用菌株

1. 黄背木耳

耳片大而厚，柔软。耳片为淡紫色或紫红色，大小为17~22厘米(图1)。适宜鲜销和干品出售。常用菌株有Ap913，Ap6，黄耳10号等。

图1 黄背木耳

3

2．781菌株

耳片大而厚，较硬。耳片呈紫黑色，大小为10～22厘米（图2）。适宜生产干耳出售。

图2　781菌株

3．琥珀木耳

耳片大，较厚，红褐色，柔软。耳片大小为10～20厘米（图3）。适宜生产干耳出售。

图3　琥珀木耳

4．951菌株

耳片较小，较厚，柔软，暗红色或朽叶色。耳片大小为7～15厘米(图4)。适宜生产干耳出售。

图4　951菌株

5. 43菌株

　　是生产白背木耳的优良菌株，耳片较小，较厚，柔软，紫黑色。耳片大小为8～18厘米(图5)。适宜生产干耳出售。

图5　43菌株

6. 紫 木 耳

　　耳片大而厚，较硬，紫黑色。耳片大小为10～20厘米(图6)。适宜生产干耳出售。

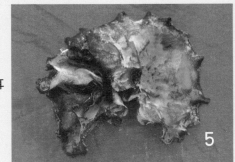

图6　紫木耳

（三）栽培的营养条件

毛木耳是一种木腐菌，具有较强的纤维素和木质素分解能力。生产上常用棉籽壳、阔叶树木屑和玉米芯等作碳源原料，以麸皮、米糠、玉米粉等作氮源。在培养料中添加过磷酸钙、石膏和石灰等来补充矿质元素和调节酸碱度。由碳源、氮源和矿物质组成毛木耳的生长基质。

（四）生长环境条件

1. 温 度

毛木耳菌丝生长温度范围为8℃～37℃，最适生长温度为26℃～30℃，温度高于40℃时，菌丝生长停止，在45℃以上就会死亡，在15℃以下生长缓慢，4℃以下生长停止。耳片生长发育温度为15℃～33℃。黄背木耳耳片生长适宜温度为22℃～30℃，白背木耳耳片生长适宜温度为15℃～22℃。温度高于35℃时，耳片生长受到抑制。

2. 水分与湿度

毛木耳菌丝生长培养料的适宜含水量为60%～65%；耳片生长期间，适宜的空气相对湿度为85%～95%，湿度低于80%时，耳片边缘出现干卷并发白；长期处于99%以上的高湿环境下，易出现流耳。

3. 空 气

毛木耳是一种好气性菌类。菌丝生长的基质要求通透性良好；耳片生长期间需要充足的氧气，在氧气不足，二氧化碳浓度高的条件下，耳片展开受到抑制，不能正常开片生长，而是长成指状耳。

4．光　照

毛木耳菌丝生长期间，不需要光照，光照过强，菌丝生长速度减慢，还易感染病；耳基形成需要光线诱导，在完全黑暗条件下则不易形成耳基。耳片生长期间，光照的强弱对耳片颜色、厚度和绒毛生长有较大影响。光照强度在100勒以上时，耳片厚，颜色深，绒毛长而密（图7）；在微弱的光照下，耳片薄，颜色变浅呈红褐色，绒毛短而少（图8）。

5．酸碱度（pH值）

毛木耳菌丝生长基质的pH值范围为4~10，最适pH值为5~7。培养料在灭菌和菌丝生长过程中会降低pH值。因此，在制作培养料时，须将pH值调至8~9。

图7　适宜光照条件下生长的耳片

图8　弱光照条件下生长的耳片

三、栽培设施及设备

（一）耳房设施

1. 耳房结构与建造

(1) 屋脊式草棚耳房

整个耳房用草和竹竿或木材搭建。这种耳房建造简便，成本低，有利于通风、降温和保湿，是生产上常用的耳房设施。耳房宽6~8米，长度因地势而异，屋脊高3.5~4米，两侧高1.6~1.8米。用竹竿或木材制作房架，在房屋中央直立粗竹竿或木杆，高度为3.5~4米，相距2米立1根，在两侧各直立两排立柱，立柱高度依次降低，纵向相距2米立1根，横向相距1.5~2米直立1根。在房顶部纵横交错地捆绑上竹竿，使之形成一个"人"字形房架。然后盖上草帘，草帘用麦秸、稻草或山上野草编制。也可先薄盖1层草帘后，再在其上盖1层塑料薄膜，再盖上1层草帘，这样可防止漏雨和延长草帘的寿命。房四周也用草帘围盖，或用双层遮阳网围盖。在房的一端开门，门高为1.8米，宽1.5米（图9）。为了建造一个大型的耳房，可将一个一个

图9　屋脊式草棚耳房

8

耳房并排连接,中间不设围栏,这样便形成一个连体式大型耳房。

(2) 平顶式草棚耳房

这种耳房为长方体或正方体形,顶部为平顶,建造简便。不足之处是雨水会进入耳房,顶部草帘易腐烂,须1年更换1次顶部草帘。搭建方法是:用竹竿或木杆制作房架,耳房高为2~3米,长和宽因地势而定。纵向间隔2米直立1根立柱,横向间隔1.5米立1根柱,顶部纵横交错地排放竹竿,用铁丝绑扎固定。在房顶部和四周盖上草帘,草帘用稻草、麦秸或玉米秸编制。为了防止雨水渗漏入耳房,可在顶部先盖上一层塑料薄膜后,再盖上草帘(图10)。

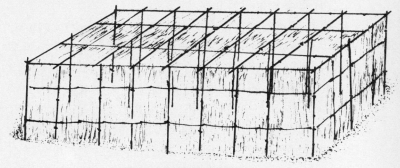

图10 平顶式草棚耳房

(3) 水泥瓦耳房

水泥瓦耳房经久耐用,使用寿命长,不足之处是在夏季阳光照射后,耳房内温度会升高。搭建方法是:用竹竿或木杆制作耳房的房架,顶部高为3.5~4米,两侧高为1.8米,宽为6~8米,长度因地势而异。在耳房顶部盖上水泥瓦,在房四周直立排放水泥瓦用作围墙,在水泥瓦无法遮挡到的部位用草帘围盖,或者四周用双层遮阳网围盖。为了防止水泥瓦吸热升高耳房内温度,可在水泥瓦下面加一层草

9

帘来隔热。另外，可将几个水泥瓦耳房并排连接形成 1 个大型耳房，相连接处不设围栏，并做一个引水槽将雨水排出室外（图 11）。

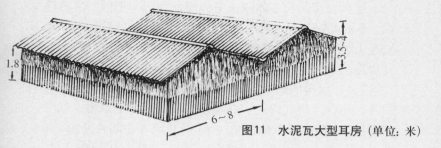

图 11　水泥瓦大型耳房（单位：米）

（4）屋脊式遮阳网耳房

耳房用遮阳网覆盖来遮阳蔽光，可避免火灾造成损失，这是一种代替草帘耳房的耳房设施。搭建方法是：用竹竿或木杆制作房架，屋脊高为 3 米，两侧高为 1.6 米，宽为 7 米，长度因地势而异。房架上顶部为"人"字形结构。先在顶架上盖 1 层黑色塑料薄膜，再在其上盖上遮光率为 95% 以上的遮阳网，并用细竹竿捆夹着遮阳网，防止被风掀掉。房四周用水泥瓦直立作围墙，或者用草帘围盖，也可用遮阳网围盖。将几个耳房并排连接形成 1 个大型耳房，面积可达到 5 000 平方米（图 12）。

图 12　屋脊式遮阳网大耳房

(5) 拱形遮阳网耳房

这种耳房顶部为弧形，下方为长方形。其搭建方法是：预先制作好立柱和弧形钢筋顶架，立柱为水泥柱，高为2.8米，在水泥柱的一端预安一个螺母；再制作一个跨度为6米的弧形钢筋架，在钢筋两端焊接一个带圆孔方形钢板，孔径与螺母直径一致。耳房宽为6米，长度因地势而异。在耳房的两侧相距2米直立1根水泥柱，水泥柱埋入土中的长度为0.8米，形成一排水泥柱，将弧形钢筋架放在水泥柱上，两端用螺帽固定，在钢筋架之间相距0.5米放入1个用竹竿制作的弧形架，在两侧和中央各横放1根竹竿固定。然后，在顶架上先盖1层塑料薄膜，再盖上遮光率在95%以上的遮阳网，房四周用水泥瓦直立排放作围墙，或用草帘围盖。为了建造1个大面积的耳房，可将几个耳房并排连接，相交部位不设围栏（图13）。

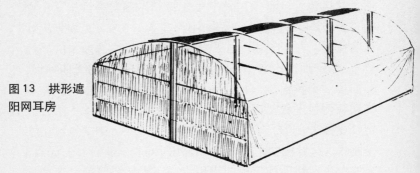

图13 拱形遮阳网耳房

(6) 泡沫塑料板耳房

泡沫塑料板具有很好的隔热效果，在夏季可起到隔热作用，冬季具有良好的保温效果。其搭建方法是：用竹竿或铁管制作棚架。耳房宽为6米，屋脊高为3米，两侧高为1.5米，长度因地势而异。将耳房建成拱形式或屋脊式两种，具体搭建方法参照塑料大棚和屋脊式草棚耳房。在耳房

11

顶部盖上泡沫塑料板,并用竹板捆夹固定,房四周用双层遮阳网或草帘围盖(图14)。为了增加耳房的面积,可将几个耳房并排连接形成1个大型耳房。

图14　泡沫塑料板耳房

(7) 塑料大棚

塑料大棚具有很好的升温、保温和保湿效果,建造简便。其搭建方法是:用竹竿或铁管制作棚架结构。耳房宽为5.5米,长度因地势而异,中部高为1.8米。先规划出耳房的位置,在两侧相距0.5米直立直径为2~3厘米的新鲜竹竿,将两侧的竹竿相向弯曲,在中央交接处用绳捆绑好,即形成一个拱形架,如此一排一排地制作好拱形架,在顶部和两侧放上横竿固定拱形架,棚内中央相距1.5米直立竹竿支撑着棚架,增加其牢固性能。另外,棚架也可用铁管制作,这种棚架牢固性好,使用时间长。最后盖上宽为8米的白色塑料薄膜,棚四周用土块压紧塑料薄膜,在耳房四周开好排水沟。在夏季高温季节,需在塑料大棚上加

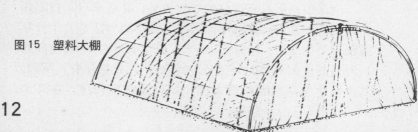

图15　塑料大棚

盖遮阳网或草帘来隔热降温（图 15）。

(8) 日光温室大棚

这类大棚是北方地区常用的耳房，利用日光照射来提高棚内温度。北面和东、西面为墙，顶部和南面用塑料薄膜遮盖，这样的塑料大棚具有良好的增温效果。其建造方法是：日光温室大棚规格为长 50～70 米，宽为 6.5～8 米。在北面及东、西面砌砖墙，可增加保温效果，在墙体上开通风窗口，东西两侧的墙高为 2 米，顶部呈斜坡状。南面为塑料拱棚。棚架用铁管或钢筋制作，一端固定在北墙上，另一端埋入土中，形成一个弧形棚架，相距 1 米排放棚架。再在棚架上均匀地排放 3 根横杆，固定好拱形架。架上盖 1 层热合成整体的塑料薄膜，在薄膜接触地面部位用土块压实。再在塑料薄膜上盖 1 层编织好的草帘，将草帘用绳串联好，便于收卷。草帘一端固定在北墙上，另一端自然放下，并可完全盖严塑料薄膜，在东面或西面开一个"之"字形门（图 16）。在白天卷起草帘露出塑料薄膜，让阳光照射，升高棚内温度，夜间盖上草帘保温。

图 16　日光温室大棚

13

2. 床架设施

在耳房内搭建床架进行立体栽培,可提高耳房的利用率。栽培床架结构多种多样,下面介绍几种常用的床架结构。

(1) 竹竿床架

整个床架全用直径为 2～3 厘米的竹竿制作,以冬季砍伐的竹竿为好。两个床架中央之间相距 1 米,床架宽为 0.2 米,上下层之间距离为 0.3 米。制作好床架后,在床架顶部纵横放置长竹竿,固定在每排床架上,使整个床架连成一体,四周用竹竿斜撑着床架,以防止床架倾斜倒塌 (图 17)。

图 17　竹竿床架

(2) 砖框柱床架

用砖砌制床架的直立框架,在框架上排放两根竹竿,即为一个床架,这种床架牢固,不易倾斜倒塌。按床架与床架之间相距 1 米规格安排床架位置。先在地面排放四层砖作基脚,然后直立排放三层砖,再在上面横放二层砖,用水泥沙浆粘接,如此一层一层地砌砖,使之成窗格状,共砌制 10～12 层。相距 1.5 米砌制 1 个立柱框架。在框架上排放 2 根竹竿即为 1 个床架 (图 18)。

图18　砖框柱床架

(3) 活动式床架

活动式床架操作方便，使用材料少。其做法是：先在地面直立1排粗竹竿或木杆，相距2米立1根，每排竹竿之间相距1米，上端2米处放上横杆固定。需要进行床架栽培时，在竹竿间地面上排放砖，再排放菌袋，每排放1层菌袋后，在菌袋上排放2块竹板或2根竹竿，如此一层菌袋一层竹竿地码袋，即成为一排一排的菌袋墙（图19）。不使用床架栽培时，拆去横杆即为一个空旷的耳房。

图19　活动式床架

(4) 水泥柱铁丝床架

先制作1个水泥柱，水泥柱高为2.5米，在水泥柱上开圆孔，孔与孔之间间距为0.3米，孔径为3～5厘米。将水泥柱直立起来，纵向排成1列，柱的距离为1～1.5米，各列的横向间距为1米。然后在水泥柱的孔上放入1根粗竹竿或木杆，长度为0.3米，最后在横杆上拉上铁丝，在铁丝上排放菌袋(图20)。铁丝要拉直捆牢，防止排放菌袋后下陷，菌袋滑落。

图20　水泥柱铁丝床架

(5) 砖梯床架

砖梯床架的制作方法是：在地面上相距1.5～2米直立1根粗竹竿或木杆，靠在木杆侧放1层砖，并用绳捆绑固定，再在其上直立放1层砖，也捆绑固定，如此一层一层地排放砖，使之形成一个梯状结构，在砖梯上排放两根竹竿即为1个床架，床架之间相距0.7米，用作人行道（图21）。

图21　砖梯床架

(6) 水泥梯柱床架

用水泥浇筑成两侧呈梯状的水泥柱，高度为2.8米。将水泥柱直立于耳棚内，相距1.5～2米立1排，在其上放上2根竹竿即为床架，每排床架之间相距0.7米（图22）。

图22　水泥梯柱床架

（二）灭菌设备

灭菌设备分为高压灭菌灶和常压土蒸灶两种类型，生产上常用的为常压土蒸灶。常压土蒸灶容量大，制作成本低，现在已开发出了多种多样的常压灭菌灶。

1. 油桶灭菌灶

用汽油桶制作的灭菌灶，制作简便，成本低，但容量少，1灶只能灭菌80袋培养料，适宜于家庭小规模生产。制作方法是：选择两个完好无损的汽油桶，将1个桶的盖环割掉，另1个桶横割成2截，并去掉顶盖，整个灶由1个桶加另半个桶组成。在桶内放1根厚为0.12厘米、宽为1米的塑料薄膜，将塑料薄膜张开成筒状，并高出桶1米左右。利用塑料薄膜来防止蒸汽逸出，升高温度进行灭菌。在桶25厘米高处安装1个用钢筋制作的横隔，下层装水。加热装置可制作成烧煤或烧蜂窝煤的灶，其中以烧蜂窝煤的灶操作方便，煤燃烧完后，灭菌就结束。蜂窝煤灶的炉膛长和宽为0.3米，高为0.48米，在距地面0.18米处安装炉桥，1次可装25块蜂窝煤。并在灶沿开2个通风口。放上油桶后即成为1个灭菌灶（图23）。

灭菌的操作方法是：将料袋装入桶内，直立排放，一层一层地堆码，直到有半个料袋露出桶口为止。最后用绳扎住塑料袋，但不要完全扎死，留有一条小缝隙以便能排气。加热烧开桶内的水，产生蒸汽升高温度，当塑料薄膜被蒸汽鼓胀成气囊状时，表明温度已上升到100℃左右，此时，关闭煤灶的通风口，降低火力，小火维持并一直保持塑料薄膜呈气囊状。当煤燃烧完后，再焖半天或1夜，利用余热继续灭菌。从开始点火到灭菌结束，需要24小时左右。

图23　油桶灭菌灶

2．砖制土蒸灶

用砖和水泥制作土蒸灶，是毛木耳生产中常用灭菌灶式（图24）。这种灭菌灶分为单锅灶和双锅灶。单锅灭菌灶体积较小，1次可装料袋500～800袋；双锅灭菌灶可装料袋1 000～1 200袋。

单锅灶的灶体长和宽为1.5米，高为2米，灶内安装1个口径为1米的铁锅。双锅灶是指灶内并排安装两口直径为1米的铁锅，灶长为3米，宽2米，高为2米。灶体用砖砌制而成，在内外壁上都抹上水泥沙浆，要求内壁光滑。双锅灶内双锅之间设置1个水槽，使两锅中的水互相流通。另外，须在灶外侧，即在烟道与灶体之间设置1个热水池，热水池用小铁锅制作，口径为0.5米，四周用砖砌制一个边框，形成一个热水池，在灶体内与热水池之间安装1根铁管，便于向灶内锅中补充热水，防止水被烧干后烧坏铁锅。在灶体一侧开1个门，门的大小以能从对角线放入铁锅为宜，以便更换被烧坏了的铁锅。门也不宜过大，否则不易密封。在距底部0.4米处开门，门高为1.2米，宽为0.5米。门框边缘向内凹进4厘米，边缘要求呈水平状且光滑，便于门与门框紧贴，减少漏气量。在门的两侧均匀地各安装3个钢筋环，直径为7～8厘米，用于上木棒加木楔扣紧门板。门板用木板制作，在内侧贴上塑料薄膜，并在中央开1个插入温度计的小孔。在灶体内排放两层砖，放上木板作横隔，在横隔上排放料袋。炉膛制作成烧煤的灶，要求煤燃烧时火力大。

灭菌时，将料袋整齐地一层一层地堆码在灶内，每排料袋之间留一条缝便于蒸汽流通。当温度上升到100℃时，在此温度下保持13～15小时，再焖1夜后开门取出料袋。灭菌期间要常补充热水，防止水烧干后铁锅被烧坏。

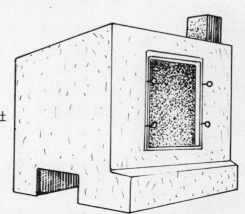

图24　砖制土蒸灶

19

3．小型钢板灭菌灶

该灶用钢板焊接制作，以蜂窝煤作燃料，操作方便，便于灶体运输。灶体规格为高2.2米，长和宽各为1.3米。在一侧开1个宽为0.6米、高为1.2米的门。在灶内距底部0.3米处，焊接1圈角钢，用于排放木板作横隔。底层钢板厚为0.5厘米，其余部位的钢板厚为0.3～0.4厘米。在横隔两侧各排放1根带小孔的铁管，并一端伸出灶体外，安装上阀门，用作排气之用。门边缘焊1圈角钢，并焊接上螺母。门也用钢板制作，在门边缘开圆孔，与螺母相对应，便于将门扣上后用螺帽拧紧（图25）。

炉膛制作成可烧蜂窝煤或散煤的结构。以烧蜂窝煤的炉膛为好，使用方便。烧普通块煤的灶膛同土蒸灶。用蜂窝煤作燃料的灶，用1台煤车装煤燃烧，煤车底部为炉桥，四周用铁板制作，在下方角安装4个铁圈作轮子，煤车长0.85米，宽0.75米，高度为0.4米，1次可装148块大号蜂窝煤，煤车装煤后，煤顶部距灶体的高度为3厘米左右。

灭菌时，在灶体内装足水，使水面距横隔约5厘米。然后整齐地排放料袋，1次可装料袋500袋。关闭门后，送入点燃了几块蜂窝煤的煤车。当灶内水被烧开后，打开排气阀门有大量蒸汽出现时，用铁板挡住炉膛口，小火维持保温。若门关闭较严不漏气时，应微开启排气阀门，让部分气体排出，防止产生高压，胀破灶体。煤燃烧完后，再焖1夜或半天后取出料袋。

图25　小型钢板灭菌灶

20

4．大型钢板灭菌灶

用钢板制作的大型灭菌灶，具有密封严、升温快的特点，是生产上用于代替砖制土蒸灶的灭菌灶。1次可装料袋2 000～3 000袋，便于大规模生产。

整个灶体用钢板制作，长3米，宽1.8米，高2.4米，或长为3米，宽为2米，高为2米等不同规格的灶体。灶体内底层为盛水槽，在距底部0.3米安装横隔。在一侧中央开1个门，一端安装1个进水管，另一端安装1个水位管，水位管距底部0.1米左右，在水位管上连接1根透明的塑料管竖直起来，通过塑料管内水位来判断灶体内水量。加热装置为燃煤的灶，一端为燃烧煤的炉膛，另一端设置烟道（图26）。

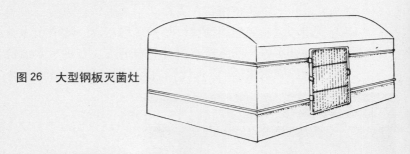

图26　大型钢板灭菌灶

5．开放式船形灭菌灶

这种灭菌灶是制造一个装水的灶体，在灶体上排码料袋，覆盖塑料薄膜进行灭菌。具有装卸料袋方便，灭菌结束后冷却快等优点。

灶体用钢板制作，灶体长2.5米，宽为1.8米，高为0.6米。底层钢板厚为0.5～0.8厘米，四周钢板厚为0.3～0.4厘米。在距底部0.4米处设置横隔，横隔支撑架用铁管制作，间隔0.3米排放1根，在中央用直立铁管支撑。靠两边的铁管兼作排气管，在铁管上开数个小孔，一端延伸出灶体并安装上阀门。在一侧安装1个进水管。灶体四边设置平台,平台与灶体呈45°倾斜,宽为0.4米。在灶体四周内壁焊接1排短铁管,间隔0.3米1个,用竖直高为1.5米的铁管。另外,在平台下方焊接铁钩,用于拴绳(图27)。燃烧装置设计为烧蜂窝煤的灶。用砖墙将灶体支撑起来,使灶体距地面的高度为0.7米,三面为砖墙,中间用砖墙分隔成2个炉膛。用两个煤车装蜂窝煤,每个煤车内装200块蜂窝煤。煤车底部为炉桥,四周用铁板制作,四个角上安装铁圈作轮子。煤车长1米,宽1米,高为0.45米。

装袋灭菌时,在灶内装0.3米深的水。在铁管上排放木板,四周直立1.5米高的铁管。将料袋整齐地码好,并使顶部料袋高于铁管并呈龟背形。用1张厚为0.12厘米、宽为8米的塑料薄膜覆盖,再在其上盖上彩色薄膜,四周平台上用沙袋压紧塑料薄膜,要求压紧压实。然后用绳纵横交错地捆绑好,防止蒸汽掀开塑料薄膜。在煤车内放置几块点燃的蜂窝煤后,送入灶膛内,当煤完全燃烧起来,烧

图27　开放式船形灭菌灶

图28　正在灭菌

开的水产生大量蒸汽,并使塑料薄膜鼓胀似气囊状时,用铁板遮挡煤车入口处,减少通风量,小火维持(图28)。当煤燃烧完后,塑料薄膜不再呈气囊状时,再焖1夜或半天后取出料袋,从灭菌开始到结束,需要24小时左右。

6．外源蒸汽式灭菌灶

这种灭菌灶由供蒸汽的铁柜和灭菌室组成。制作1个外源蒸汽灭菌灶一般只需700~800元,成本低,并且操作方便。

(1) 蒸汽发生装置

用铁柜装水,烧开后产生的蒸汽供灭菌之用。铁柜长1.5米,宽1米,高0.55米,铁柜用钢板焊制,在顶部安装1个铁管用作输送蒸汽,一侧距底部0.1米处安装1个铁管作进水管,并兼作水位管。将铁柜置于砖墙上,距地面高为0.4米,三面为墙。另外,制作1台煤车,煤车长1.3米,宽0.9米,高0.3米,在煤车内装蜂窝煤250块左右进行灭菌(图29)。

图 29　外源蒸汽式灭菌灶

(2) 灭菌室

可在地面上建造，选择一处地势平坦的场地作堆码料袋灭菌的场所。先在地面上四周和中央砌砖作横隔的支脚，高度为两层砖的厚度。然后排放上粗竹竿或木板，再铺上编织袋，形成一个平台。最后排放料袋，要将料袋顶部排放呈龟背形，再用1张厚为0.12厘米塑料薄膜和1张彩条薄膜覆盖，四周用沙袋压实。用塑料管连接在排气管上，将塑料管的另一端，伸入堆料袋的平台下方，输送入蒸汽，在100℃左右灭菌。灭菌室的大小根据料袋的多少而异，可设计为长×宽为3.5米×2.3米，1次可灭菌1000～2000个料袋。此外，还可用钢筋制作一个框架，在柜内装料袋进行灭菌。

灭菌操作方法同开放式船形灭菌灶。

7. 开放式灭菌灶

所谓开放式灭菌灶是指只制作一个灶台，在灶台上直接堆码料袋，用塑料薄膜覆盖进行灭菌。这种灭菌灶制作简便，成本低，只需几百元即可制作，并且装卸料袋方便。其制作方法是：取一个完整的汽油桶，将其纵向剖开成两半，即成1个水槽，两个半桶之间焊接1根铁管连接，让桶内的水能相互流动，在另一个桶的一端焊接1根铁管，用作进水管并兼作水位管。或者用钢板制作1个水槽，似船形灭菌灶的结构。另外，在烟道与灶体之间放置1个盛水的铁桶，用于向灶内补加热水。炉膛制作成烧煤的灶，在炉膛上放置两个制作好的桶，即将切割成两半的桶作为装水产生蒸汽的锅，另一端制作烟道。四周制作灶台，并与桶边缘在同一水平位置上。灶台长4米，宽3.5米，用砖铺垫好后，在上面抹上一层水泥沙浆，使灶台表面平整，不漏气。在灶台上放上木棒和竹竿等物作为横隔，即成为1个开放式灭菌灶（图30）。灭菌操作方法是：在横隔上堆码好料袋，1次可堆码2 000～3 000个料袋，堆码高度约为1.8米，顶部堆码呈龟背形。然后用塑料薄膜覆盖，再在其上盖1张彩条塑料薄膜，四周用沙袋压实。最后加热烧开桶内的水，使其产生蒸汽，当塑料薄膜鼓胀呈气囊状时，开时计时，在此状态下保持13～15小时，并且用小火维持，使塑料薄膜始终呈气囊状。在灭菌过程中，要及时补充桶内的水，防止水被烧干，当进水管有气体排出时开始补水。灭菌时间到后，再焖半天或1夜，然后揭开塑料薄膜，冷却后取出料袋。

图30　开放式灭菌灶

8. 油桶供汽灭菌灶

油桶供汽灭菌灶是由汽油桶装水加热，烧开桶内的水，产生蒸汽后，将蒸汽输入到堆码的料袋中进行灭菌的方法。这种灭菌灶制作成本低，操作简便，是一种较适用的灭菌灶（图31）。

(1) 油桶产汽设备

用3个汽油桶制作，将2个汽油桶并排放置在炉灶上，再在2个汽油桶上方放置1个汽油桶，下方2个汽油桶装水供产生蒸汽用，上方1个汽油桶装水向下方2个汽油桶内补充热水，下方2个汽油桶各安装1个排气管和进水管，上方汽油桶上各安装1个排水管和进水管。或者将3个油桶并排作产生蒸汽的装置。炉灶制作成以煤或蜂窝煤作燃料的灶。其以蜂窝煤作燃料的炉灶，操作较方便，在煤车内1次装250块蜂窝煤，煤燃烧完后，灭菌也结束。

(2) 灭菌室

在油桶灶旁边平整地面上，制作灭菌室，先在地面上排放砖，再在砖上排放竹竿或木杆，然后铺上1层编织袋。灭菌室规格为长3.5～4米，宽2.5～3米。将料袋整齐地堆码在其上，顶部堆码呈龟背形。然后盖上1张塑料薄膜和1张彩条塑料薄膜，四周用沙袋压实，防止蒸汽大量排出。灭菌时，将输送蒸汽的塑料管伸入灭菌室料袋横隔底部，当塑料薄膜鼓胀呈气囊状时，保持15～18小时，并用小火维持，使始终保持其呈气囊状，即温度在100℃左右。灭菌结束后，再焖半天或1夜后取出。

　　　　　图31　油桶供气灭菌灶

（三）机械设备

1. 拌料机

(1) 过腹式拌料机

这种拌料机体积小，移动方便，是生产上常用的拌料机械（图32）。其工作原理是利用高速旋转的叶片将培养料打散混合拌匀。拌料时，须先将干原料混合拌匀后，再加入所需的水，然后铲取培养料倒入开启的拌料机内，通过高速旋转的叶片将培养料混合拌匀后排出，1次没有拌匀的，须再拌1次，直到拌匀为止。此外，还可用来粉碎菌渣。

图32　过腹式拌料机

(2) 料槽式拌料机

这种拌料机是将培养料一并加入料槽内，开启电机，利用旋转的叶片翻动、拌匀培养料，再加入水搅拌混匀（图33）。

27

图 33　料槽式拌料机

(3) 其他拌料机

还可利用装袋机来拌料，将加水初混匀的培养料，倒入装袋机内，通过旋转螺旋状轴的挤压作用将培养料拌匀。也可用水稻、小麦脱粒机来拌料，其操作方法同过腹式拌料机。

2. 装 袋 机

(1) 简易式装袋机

简易式装袋机(图 34)是利用电动机带动螺旋状轴，将

图 34　简易式装袋机

培养料从出料筒中排出装入塑料袋内的装袋机械。有大小不同的出料筒的装袋机，适宜不同规格的塑料袋装料，可用于折径为15厘米、17厘米、20厘米、22～23厘米的塑料袋装料。有的装袋机可更换不同大小的出料筒和螺旋状轴。

(2) 冲压式装袋机

冲压式装袋机（图35）是先将培养料压入料筒内，然后进入出料筒，将培养料压入套在出料筒的塑料袋内。这种装袋机还可与拌料机和输送培养料装置连接，进行全流程自动化作业。

图35　冲压式装袋机

（四）接种设备

1. 接 种 箱

接种箱体积小，密闭性能好，易灭菌彻底，并且操作人员接触消毒药物少，是食用菌生产中常用设备。根据体积大小分为单人接种箱和双人接种箱两种。

(1) 单人接种箱

这种接种箱体积小,仅供1人操作。接种箱用木方条、层板和玻璃制作。箱体下半部分为长方体形,上半部分为梯形结构,上半部分一侧为垂直面,另一侧为斜坡面状,在斜坡面上安装一个玻璃窗,作观察和取放接种物的入口。箱体高0.7米,长1.25米,下层宽0.6米,顶部宽0.3米。在下部开两个圆孔作伸入手操作用,圆孔直径为0.2米,相距0.36米,在圆孔上安装布袖套(图36)。

图36 单人接种箱

(2) 双人接种箱

这种接种箱体较大,可供两人面对面地操作。箱体下半部分为长方体形,上半部分为梯形,上半部分两侧均为斜坡面状,并安装玻璃窗,在两侧下半部位开伸入手操作的圆形孔,其方法同单人接种箱.箱体长1.6米,高0.75米,下半部分宽0.76米,高0.5米(图37)。

图 37　双人接种箱

2．接 种 室

　　是用一间房屋专门用于接种的场所。接种室体积不宜过大，以长 3～4 米、宽 2～3 米、高 2.5 米为宜。接种室分为内外两部分：内为接种间，设置有操作平台；外为缓冲间，宽为 1 米，入口处和内室的门要错向开，门为平行移动门(图 38)。在室内和缓冲间均安装上紫外线灯和日光灯。

图 38　接种室

31

3．塑料薄膜接种罩

塑料薄膜接种罩制作简便，生产成本低，可移动，适合于不同场所放置接种操作。制作方法是：用竹竿或木条制成一个宽为2～3米，长为3～4米，高为1.8米的长方体或正方体框架。大小可根据接种量来决定，但也不宜太大，否则不易创造无菌环境。在框架上罩上一个无缝隙的塑料薄膜，四周用沙袋或木板压着塑料薄膜，即为1个接种罩。将接种罩放在干净的水泥地面上，若地面为土地面，应先在地面铺上彩条编织布或较厚的干净塑料薄膜，才便于打扫垃圾和进行消毒处理（图39）。

图39　塑料薄膜接种罩

四、菌袋制作

（一）生产季节

毛木耳适宜在夏季生产，即在4～10月出耳。但白背木耳出耳温度要稍低一些，在3～4月份和9～11月份出耳为宜。毛木耳菌丝体长满袋后，待温度适宜时才出耳。因此，可以提早生产菌袋，这样便于大面积生产和利用农闲时间生产。一般在7～10月份生产原种，9～12月份生产栽培种，12月份至翌年3月份生产菌袋。但有的菌株如黄背木耳菌株不宜提早生产菌袋，否则，出耳期间易感染疣巴病，宜在菌丝体长满袋后，及时进行出耳管理。

（二）原料准备及配制原则

1. 原材料准备

生产毛木耳的原料主料有棉籽壳、阔叶树木屑、玉米芯以及农作物秸秆等；辅料有麸皮、米糠和玉米粉等，用于补充培养料中的氮素营养；另外，还需添加石膏、石灰等来补充矿质元素和调节酸碱度。

2. 培养料配制原则

生产黄背木耳以多种主料混合组成的基质为好，如棉籽壳、阔叶树木屑和玉米芯混合组成的基质，比单一棉籽壳、阔叶树木屑或玉米芯组成的基质的产量高；多种原料混合后，不仅在养分上互补，而且可改善培养料的物理性状如保水性、通透性等。生产白背木耳时，需要用木屑作主料，不宜以棉籽壳作主料，否则，生产不出优质的白背木耳产品。

（三）培养料配方

配方1

棉籽壳32%，阔叶树木屑32%，玉米芯32%，石膏1%，石灰3%。

配方2

棉籽壳29%，阔叶树木屑29%，玉米芯29%，米糠10%，石灰3%。

配方3

棉籽壳86%，麸皮或米糠10%，石膏1%，石灰3%。

配方4

棉籽壳30%，阔叶树木屑36%，草节20%，麸皮10%，石膏1%，石灰3%。

配方5

玉米芯46%，阔叶树木屑40%，米糠10%，石膏1%，石灰3%。

配方6

阔叶树木屑70%，蔗渣15%，麸皮13%，石膏1.5%，石灰0.5%（适宜生产白背木耳）。

配方7

阔叶树木屑68%，棉籽壳10%，米糠20%，碳酸钙1.5%，石灰0.5%（适宜生产白背木耳）。

配方8

阔叶树木屑78%，米糠20%，碳酸钙1.5%，石灰0.5%

（适宜生产白背木耳）。

（四）培养料配制

按配方比例先称取主料，平铺在地面上，再将辅料混合均匀后，均匀地撒在主料上（图40）。使用玉米芯料时，须将玉米芯在水中浸泡3小时以上，或加水拌湿后堆积一夜；然后，用铁铲拌匀培养料，或者用拌料机拌匀。最后加足水，按料水比1∶1.2～1.3比例加入清洁的井水或自来水，再用铁铲翻拌匀，或用拌料机拌匀（图41）。拌匀的培养料要求干湿均匀，含水量在65%左右，即用手捏料

图40 配料

人工拌料

图41 拌料

机械拌料

无水下滴，在手指缝间可见到水（图42）。拌匀后的培养料即可装袋。也可堆积起来，覆盖塑料薄膜保温、保湿发酵4~6天，再装入袋内。通过发酵处理后，使培养料水分均匀。同时，可杀死部分杂菌（图43）。装袋之前，再拌匀培养料和调节水分。

图42　配制好的培养料

图43　堆积发酵

（五）培养料装袋

装料用塑料袋的规格有20厘米×41厘米，22厘米×42厘米，20厘米×50厘米，17厘米×38厘米等，生产白背木耳常用17厘米×38厘米规格的折角袋。进行高压灭菌时，应选用聚丙烯塑料袋，常压灭菌时，常用聚乙烯塑料袋。

装料方法有手工装袋和机械装袋两种。利用手工装料的方法是：将塑料袋张开成筒状，抓取培养料放入袋内，边装入培养料边用手压实，层层压紧，使料柱上下松紧一致（图44）；装好培养料后，塑料袋两端用绳扎口或者上颈圈，并用塑料薄膜封口（图45）。机械装袋操作，因机械不同而异。利用简易式装袋机装料的方法是：将塑料袋的一端事先用绳扎好或热合封好，然后将塑料袋套在出料筒上，1人铲取培养料倒入料斗内，当培养料源源不断地进入袋内后，逐渐后退出料袋，通过调节后退速度来调整料柱松紧度（图46），最后封好袋口。采用冲压式装袋机装料的方法是：将一端已热合封好的塑料袋套在出料筒上，当培养料进入袋内后，取下料袋并封好袋口（图47）。

图44　手工装料

图45　装好的料袋

37

图46 简易式装袋机装料

图47 冲压式装袋机装料

（六）培养料灭菌

灭菌有常压灭菌和高压灭菌两种方式。常压灭菌是利用土蒸灶进行灭菌，因灶的结构不同，操作方法也不一样，但灭菌原理是一样的。常压灭菌时，当灶内温度达到在100℃左右时，保持12～18小时（因料袋数量而异，料袋在1 000袋以下时，需要保持12小时，1 000～1 500袋，需要13～15小时，1 500～2 000袋，需要15～18小时），灭菌结束后，再闷1夜或半天，可增加灭菌效果。灭菌期间，做好"大火攻头，小火保温灭菌，余热加强灭菌"。尽量缩短升到100℃左右的时间，以6小时以内达到95℃以上为好，这样才能防止培养料变酸和袋内积水（图48）。高压灭菌时，当压力上升到0.05兆帕时，排放出锅内气体，如此进行2次，当再次上升到0.15兆帕时，在此压力下保持

38

3～4小时进行灭菌（图49）。灭菌结束后，待压力表指针回到"0"时，开启排气阀门，打开锅盖，待冷却后取出料袋。

图48　常压灭菌

图49　高压灭菌

（七）菌种接种

1．料袋冷却

灭菌结束后，取出料袋放在冷却室或接种室内冷却（图50）。冬季气温在15℃以下时，当料袋内温度在30℃～35℃时，就要及时接种，趁热堆码菌袋，才有利于保温发菌；气温在20℃以上时，则要冷却到30℃以下才能接入菌种。

图 50　料袋冷却

2．菌种选择及消毒

毛木耳栽培种最好为瓶装菌种，不宜使用袋装菌种，否则易感染杂菌。菌种要求菌丝体浓白，粗壮，整齐，无杂菌，没有萎缩，不渗出黄水，无害虫，封口物无破损（图51）。菌种瓶表面用75%酒精或0.1%克霉灵或0.25%新洁尔灭等消毒剂擦洗，除去表面杂菌(图52)。

图 51　栽培种

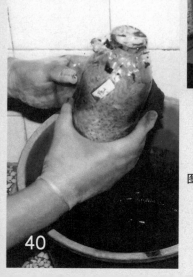

图 52　菌种瓶消毒处理

3．接种场所消毒

接种时须在接种室或接种箱或接种罩内进行操作。接种场所用气雾盒点燃产生气体进行熏蒸消毒(每立方米空间用2~3克)，或者用甲醛与高锰酸钾混合产生气体来消毒，也可采用喷洒杀菌剂来消除杂菌。消毒处理须提前3~4小时进行。

4．接　　种

接种工具和容器用消毒剂擦洗消毒，或在酒精灯上烧

图53　接菌

图54　接上菌种的菌袋

灼杀菌后使用。先去掉瓶口表层菌种，取下层菌种使用。打开培养料袋口，钩取出菌种放入袋口内并压实。然后，用已灭菌的纸封口（图53），或用绳子扎住袋口，但要求不要扎得过紧，要留出一些可透气的缝隙（图54），一般每瓶菌种可接种8～10袋。接上菌种后，菌袋要及时进行保温培养发菌，让菌种萌发生长并长满料袋。

（八）培养发菌

1. 菌袋堆码方式及方法

根据气温不同，菌袋的堆码方式也不一样。冬季气温在15℃以下时，要将菌袋横着堆码起来，堆码成墙状，堆

图55　菌袋地面上堆码培养

图56　菌袋保温培养

码高度为5～6层，每排之间相距10厘米，每堆码3排，将菌墙间距离增至30厘米，这样便于进入检查温度、菌袋的发菌以及感染杂菌情况（图55）。然后，在菌袋上覆盖编织袋或塑料薄膜进行保温管理（图56）。气温在20℃以上时，应将菌袋单层排放在床架上（图57），或"井"形地堆码在地面上，每堆为5～6层（图58）；或者在地面上排放1层菌袋后，在其上排放2根竹竿或竹板，然后再排放菌袋。如此一层菌袋一层竹竿地排放，使上下层菌袋间隔开来（图59），这样有利于通风散热。

图57　床架上码袋培养

图58　"井"字形码袋培养

图 59　竹竿间隔码袋培养

2．培养发菌的环境条件控制

温度控制在22℃～26℃之间为宜。温度高于26℃时，有的毛木耳菌株易感染病；温度低于20℃时，菌丝生长速度缓慢。因此，在冬季培养发菌时，应采取热袋接种（30℃～35℃），趁热堆码并覆盖塑料薄膜保温发菌，才能保持温度在20℃以上。温度高于28℃时，要及时通风散热降温。培养室内要保持干燥，空气相对湿度控制在80%以下。做好遮光发菌管理，以免光照过强，引起发菌不良。覆盖塑料薄膜保温发菌的，每周揭膜通风换气1次，揭膜时间不宜过长，当温度下降到20℃时，及时覆盖塑料薄膜保温。培养15天后，将上下层菌袋调放至堆的中部，使各层菌袋的菌丝生长速度一致。培养发菌30～40天时，菌丝体就可长满料袋（图60）。若气温低于15℃，不能出耳时，应降温放置，待气温适宜时再进行出耳管理。

图 60　长满菌丝的菌袋

五、出耳管理

毛木耳产品分为黄背木耳和白背木耳两种，但在出耳管理方式上有所不同。因此，将分别介绍其出耳管理的方法。

（一）黄背木耳出耳管理

1. 菌袋排放

将菌袋按一定方式进行排放。黄背木耳菌袋排放出耳方式有多种方式，各有其优点。下面分别介绍其排袋方式。

（1）床架上排袋

床架上排放菌袋的方式多种多样。有在床架上排2~3层菌袋进行出耳的，这样可利用生产其他食用菌的床架，但不能实施开口出耳，只能在袋口出耳（图61）；另一种方

图61　床架上多层排放菌袋

式是单层菌袋排放,这样既有利于开口出耳,又可增加透气性,有利于散热降温(图62);再一种方式是先在床架上排放1层菌袋后,再在其上吊一排菌袋,上下层之间相距0.1米左右(图63),这样既可充分利用床架空间,又可实施开口出耳。

图62 床架上单层排放菌袋

图63 床架上单层排放菌袋和吊袋

(2)"井"字形码袋

先在地面上直立一根竹竿或木杆,横向相距0.5米立1根立柱,纵向相距0.1米立1根立柱,将立柱上端捆绑固定在横杆上。在立柱下端排放1层砖,以立柱为中轴,呈"井"字形堆码菌袋,每码1层菌袋后,用绳捆绑固定,共堆码

10～12层（图64）。利用这种方式码袋操作简便，并可开口出耳。

图64　"井"字形码袋，便于开口出耳

(3) 吊　袋

用绳将菌袋串挂起来，悬挂在横杆上进行出耳。先在耳房内搭建横杆，相距0.5米排放1根横杆，然后，在相距1米排放另1根横杆，使之成为一窄一宽的横杆。横杆高度为2米，在横杆上放上绳环，距地面0.3米左右。每两根绳环为一组，将菌袋放在绳环上，旋转1周后，再排放另一菌袋，如此一层一层地排放菌袋，共排放10～12层菌袋，悬挂的菌袋要求袋口与袋口之间相距0.1米，菌袋侧面之间相距0.2米，距地面约0.3米，人行道宽为0.7米（图65）。

图 65　吊　袋

(4) 夹　袋

将菌袋用竹竿夹着排放进行出耳，这也是生产上常用的方法。先在耳房内排放横杆架，间隔 0.7 米排放 1 根，或间隔 0.5 米排放 1 根后，再间隔 0.7 米排放 1 根，即一窄一宽方式排放。然后，竖直两根细竹竿，相距为 12 厘米左右，即为菌袋的直径。以两根竹竿为 1 组，每组之间相距 10 厘米。在两根竹竿之间地面上排放一层砖，将第一层菌袋放在砖上。如此一层一层地将菌袋排放在两根竹竿之间，每排放 4 层菌袋后，用绳捆扎着竹竿，防止上层菌袋压坏下层菌袋。如此排放好菌袋，共堆码 10~12 层（图 66）。这种排放出耳方式有利于开口出耳，并且排袋方便。

图 66　夹　袋

48

2．诱导出耳管理

排放好菌袋后，气温稳定在18℃以上时即可出耳。当耳基形成时（图67），及时去掉两端袋口上封口纸，若推迟开口，耳基就会长大并成块状，分化的耳片多且小，并且耳蒂大（图68）。或在菌袋身上开3~6个出耳口，或者开14~16个出耳口；并根据排袋方式分别采取不同的开口部位和数量，出耳口为"一"字形，长为0.5~1厘米。开口不宜过长过多，否则形成的耳基多，长出的耳片小。开口后，便从开口处长出耳基（图69）。诱导出耳除了温度要适宜外，还要增加光照，使耳房内有较充足的散射光，在完全黑暗条件下，则不易形成耳基；此外，保持空气相对湿度在85%~95%之间，湿度过低后，耳基会逐渐长大并成拳头状，不分化出耳片，表面出现干缩。

图67　耳基形成

图68 耳基增大

图69 开口出耳

3. 耳片生长发育管理

当耳基形成后，便进入耳片生长阶段的管理。主要应做好以下几方面的管理工作。

(1) 温度控制

保持耳房内温度在18℃～30℃之间，温度低于18℃时，耳片生长缓慢。温度超过35℃时，耳片生长受到抑制，严重时会出现耳片生长停止或流耳。

(2) 湿度调节

耳片生长期间，须喷水保持空气相对湿度在85%～95%之间，并做到干湿交替管理，不要长期处于高湿条件下，否则会出现流耳。当耳片边缘出现卷曲发白时，表明湿度不足，就要及时喷水保湿，在晴天每天喷水2～3次，阴天和雨天不喷水。

(3) 光照调节

耳片生长期间，光照强度对耳片颜色和厚度有较大影响。在光照强的环境下，长出的耳片厚而大，颜色为紫黑色至紫红色；光照弱时，长出的耳片呈红褐色，薄。因此，可通过调节光照强度，生产出不同质量的耳片，来满足市场需求。

(4) 通风换气

耳片生长期间，要加强通风换气，保持耳房内空气新鲜；通风不良，二氧化碳浓度增高后，耳片分化受到抑制，长成指状的畸形耳。

只有在所有环境条件都处于良好时，长出的耳片质量优良，产量才高（图70）。

图70　生长良好的耳片

4．采收及采后管理

(1) 采收标准及方法

当耳片完全展开时，就要及时采收（图71）。若推迟采收，会弹射出大量孢子，附着在耳片上，形成一层白色粉末状物，从而降低耳片的质量（图72）。选择在晴天采收，采收前1天停止喷水，这样有利于耳片干燥。出现连续阴雨天气时，应在8~9分成熟并且孢子尚未形成时采收，这样在阴干的过程中，则不会弹射出孢子。

图71 适收的耳片

图72 成熟过度的耳片

（2）采收方法

采收方法有两种：一种是直接摘取耳片，不留耳基（图73）；另一种方法是用刀割下耳片，留下耳基（图74）。留有耳基的，有利于耳片再生，可提早出耳（图75），但易出现耳基染病腐烂。采收下来的耳片装入洁净的筐内，及时晒干或烘干，不宜堆放过久，否则会弹射出孢子和出现细菌、酵母菌等繁殖，从而降低耳片质量。

图 73　直接摘取耳片

图 74　刀割采收耳片

图 75　再生的耳片

(3) 采后管理

采收后,菌袋停止喷水 4～5 天,待伤口上菌丝恢复,并形成耳基,并分化成杯状耳片时(图76),再喷水保湿,进入耳片生长期管理。一般可采收5～6潮木耳,每袋可产干木耳150～200克。

图76　耳片分化发育

（二）白背木耳出耳管理

白背木耳是毛木耳产品中质量较好的一种，因其耳片表面为黑色，腹面为白色，故称为白背木耳，也叫黑面白背木耳。在出耳管理上与黄背毛木耳有所不同。

1. 菌袋排放

排袋出耳方式与黄背木耳相同，这里介绍一种活动式床架上码袋出耳方式。其做法是：先在地面上直立竹竿或木杆，纵向相距1米立1根，横向相距2~3米立1根。在横向立杆之间排袋。先在地面上垫一层砖后，再排放菌袋，菌袋之间相距0.1米。每排放一层菌袋后，在其上排放两根竹板或细竹竿，如此一层菌袋一层竹板地码袋，可码15~18层菌袋，其高度以方便采收耳片为宜(图77)。

图77　菌袋排放

2．开袋出耳

排放好菌袋后，打开袋口诱导耳基形成，即用刀片在距袋口1～2厘米处将塑料薄膜口的扎绳和颈圈去掉，但需在上方留一块长为1～2厘米的塑料薄膜，使之呈"帽舌"状，可避免喷水时，水流入袋内（图78）。

3．耳片生长发育管理

(1) 温度控制

温度对白背木耳的质量有着直接的关系。白背木耳生长的最适温度为15℃～20℃。温度高于22℃时，耳片虽生长快，但颜色浅，表面呈红褐色，干后黑色度不足，背面绒毛呈棕褐色，从而达不到优质白背木耳质量标准。

(2) 湿度调节

生产白背木耳时，喷水保湿是关键。须保持耳房内空气

图78　开袋出耳

相对湿度在80%～90%之间。喷水保湿时，主要在地面上浇水来达到保湿的目的，耳片上洒水时只能用喷雾器喷细雾粒来保湿，不能大水直接淋在耳片上，因耳片上绒毛对水分极为敏感，如果用水过多，绒毛就会变为褐色，干后也就呈褐色，而不是白色。

(3) 光照调节

光线的强弱对耳片颜色和绒毛生长影响较大。生产白背木耳时，要求耳房内光照强度以100～500勒为宜，保持耳房内光线明亮。

(4) 通风换气

耳片生长期间，要加强通风换气，保持耳房内空气新鲜。通风不良时，会长成畸形耳。

只有在环境条件完全满足的情况下，长大的耳片才成为白背木耳(图79)，否则生产出的产品是黄背或褐背木耳。

图79　白背木耳生长状况

4．采收及管理

(1) 采收标准及方法

当耳片由杯状长到完全展开，并且边缘开始卷曲时，表明耳片已成熟，即可采收 (图80)。推迟采收后，在耳片上会弹射出大量的孢子，形成白色孢子粉，从而降低耳片质量。采收方法是：用刀齐培养料割下，采大留小，生长整齐的则一并割下。

(2) 采后管理

采收后菌袋停喷水 2～3 天，并清扫干净场地，摘除病耳，加强通风换气，让刀口上的菌丝恢复生长，待下一潮耳基形成后，再进行喷水保湿管理。

图80　适收的白背木耳

六、产品加工

（一）干　制

1. 黄背木耳干制方法

采收后的耳片，去掉基部培养料和耳蒂后，并分成单片，单层摊放在洁净的水泥地面上或晒席上晒干（图81）。当日没有晒干的，收回后摊开放置，不能堆积起来，以免出现细菌繁殖和孢子弹射出来，从而降低产品质量。阴雨天采收的耳片，要摊放在室内通风处，或在烘房内40℃～60℃下烘干。干燥的耳片装入洁净的编织袋内，贮藏在干燥阴凉的库房内。

图81　黄背木耳干制

2．白背木耳干制方法

白背木耳产品只能在阳光下晒干，不能采取烘干法干制，否则，生产不出优质白背木耳。将采收的耳片分成单片，去掉杂质后，单层铺放在遮阳网或彩条塑料薄膜上，耳片的绒毛面朝上晾晒，当日晒干为好（图82）。在干制过程中，耳片尚未平展成型时，不要翻动，以免耳片卷曲变形，从而降低质量。晒干的耳片装入洁净的塑料袋内，贮藏在干燥阴凉的库房内。

图82　白背木耳干制

3．分级标准

(1) 黄背木耳产品质量标准

黄背木耳尚未进行分级出售，一般分为优质产品和等外级产品。优质产品的标准是：耳片大，厚，平展，黑色或褐色，无耳蒂，无杂质，无霉变，无畸形耳和虫害耳（图83）。其他的则为等外级产品。

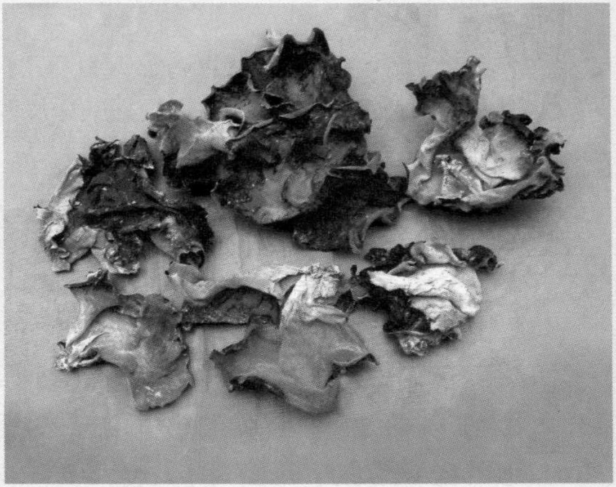

图 83 黄背木耳优质产品

（2）白背木耳分级标准

①一级耳　耳片厚，平展，直径 4 厘米以上，表面为黑色，背面绒毛层为白色，无耳蒂，无病虫害，无杂质（图84）。

②二级耳　耳片较一级产品的耳片薄，表面黑色度和绒毛面白色度不及一级产品，其他标准同一级产品（图85）。

图 84　白背木耳的一级产品

图 85　白背木耳的二级产品

59

③等外级　耳片为褐色或红褐色，较薄，绒毛不白，耳片小于4厘米，为小耳片或碎耳片等。

（二）耳块与耳丝加工

1．耳块加工

将耳片切成长×宽为1厘米×1厘米或1厘米×2厘米，或2厘米×3厘米规格的小方块，清洗去掉杂质，干燥至含水量在12%以下（图86）。装入塑料袋内密封贮藏。

图86　耳块

2．耳丝加工

将耳片切成1毫米宽的条，经清洗后去掉杂质，干燥至含水量12%以下（图87）。要求生产的耳丝要长短一致，色泽一致，须经精细分检整理，使产品质量一致（图88）。

黄背木耳丝

图87 耳 丝

白背木耳丝

图88 耳丝分级整理

61

七、病虫害的防治

（一）病害防治

1. 木　霉

是菌袋生产过程中常见且危害较大的一种竞争性杂菌。木霉种类较多，常见的木霉有绿色木霉(T.richoderoma viride)、康氏木霉（T.konigii）、多孢木霉（T.polysporum）、长梗木霉（T.longibrachiatum）和哈赤氏木霉（T.hazianum）等。木霉侵染菌袋后抑制菌丝体生长，从而造成菌袋报废。同时，也危害耳片，造成耳片生长停止，死亡（图89）。

(1) 发生条件

高温、高湿，通风不良，培养料呈酸性时易侵染。主要是通过孢子传播。

(2) 防治方法

第一，生产培养料的原料要求新鲜、干燥。培养料灭菌要彻底，在100℃左右下灭菌10小时以上，彻底杀灭原料中木霉菌孢子。

第二，培养菌种期间，加强通风换气，降低温度和湿度，将空气相对湿度控制在80%以下，避免高温、高湿。

第三，菌种中出现木霉菌侵染后，及时挖出培养料，少量地加入到新鲜培养料中混合，再装袋灭菌后利用。也可将培养料烧毁，或深埋入土中。

图89　木霉侵染菌袋状况及示意图

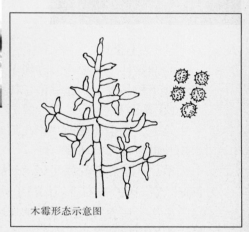

木霉形态示意图

2. 链 孢 霉

又叫脉孢霉、红色面包霉和红霉菌。常见的有好食脉孢霉 *Neurospora sitoohita* 和粗糙脉孢霉 *N.crassa*。是夏季生产时常见、且危害严重的一种杂菌。具有生长速度快，传染性强等特点。菌袋被链孢霉侵染后，在5～7天内菌丝体就可长满全袋或瓶，并在瓶口或袋口形成橘红色块状物或孢子粉（图90）。

63

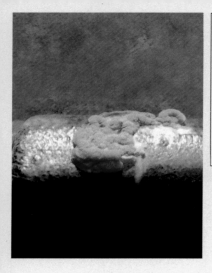

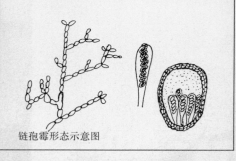

链孢霉形态示意图

图90 链孢霉侵染菌袋状况及示意图

(1) 发生条件

自然条件下主要生长在嫩玉米芯上。在高温、高湿环境条件下极易发生，通过孢子传播。

(2) 防治方法

第一，在生产场地禁止乱丢弃嫩玉米芯，以免玉米芯上生长链孢霉污染环境。

第二，培养料的原料要求新鲜、干燥。培养料灭菌要彻底，在100℃左右下须保持10小时以上杀菌。

第三，培养发菌期间，加强通风换气，降低温度和湿度，避免出现高温、高湿的环境，以恶化链孢霉孢子萌发的条件。

第四，培养发菌3~4天后，及时检查，清理出感染链孢霉的菌袋，防止产生孢子后传播。若已形成孢子粉的，要用塑料袋或湿纸包裹着捡出，避免抖落掉孢子引起传播。将污染物及时烧毁，或深埋入土中。

第五，培养室和接种室在使用之前喷洒复合酚或甲醛液进行消毒处理。

3. 青 霉

危害毛木耳的青霉种类较多，主要有绳状青霉（*Penicllium funiculosam*）、产黄青霉（*P.chysogernum*）和圆弧状青霉（*P.cyclopium*）等（图91）。青霉的危害方式是在培养料上形成的菌落交织在一起，形成一层膜状物，覆盖在料面，隔绝空气，同时分泌毒素，致使毛木耳菌丝死亡。

(1) 发生条件

青霉分生孢子主要靠空气传播，全年均可危害，但在高温季节危害最严重。

(2) 防治方法

第一，培养料要求新鲜、干燥。配料时水分要湿透培养料并抖匀，不能有干料；培养料需在100℃左右高温下灭菌10小时以上。

第二，接种场所和培养室在使用之前，用气雾消毒盒点燃熏蒸，或用甲醛与高锰酸钾混合产生气体进行熏蒸消毒。也可喷洒0.1%多菌灵液或0.25%新洁尔灭液，杀死环境中的青霉菌孢子。

第三，出现青霉侵染后，及时挖出培养料，加入新鲜培养料中，经混合灭菌后再利用，或者烧毁和埋入土中。

图91 青霉侵染形成膜状物及示意图

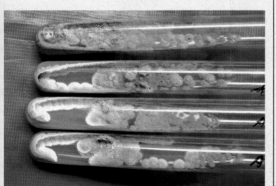

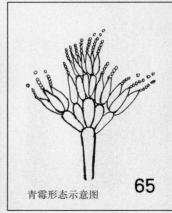

青霉形态示意图

65

4．根　霉

这也是一种常见的杂菌，常见的根霉为黑根霉。培养料上感染根霉后，形成网状菌丝体，并产生黑色点状分生孢子（图92），与毛木耳竞争养料，造成减产。

(1) 发生条件

自然条件下，根霉生长在土壤、动物粪便和各种有机物上。孢子通过空气传播。

(2) 防治方法

第一，培养料要求新鲜、干燥。灭菌要彻底，杀灭培养料中的根霉孢子。

第二，接种时，接种环境要认真消毒，防止接种工具沾上生水。

第三，培养菌种期间，加强通风换气，保持培养室内干燥。

第四，出现根霉侵染后，及时将培养料挖出，混入新鲜培养料中，经灭菌后再利用。

66

图92　根霉侵染产生黑色点状分生孢子及示意图

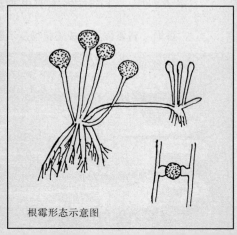

根霉形态示意图

5. 毛 霉

这也是一种常见杂菌,主要为总状毛霉(*Mucor eacemosus*)。培养料上感染毛霉后,长出粗壮致密的菌丝体和黑色孢子囊(图93),与毛木耳菌丝争夺养分,甚至抑制其生长。

(1) 发生条件

自然条件下毛霉生长在土壤、空气、粪便和堆肥上。特别是菌种培养时,出现40℃以上高温后极易感染毛霉。

(2) 防治方法

第一,培养室在使用之前,喷洒消毒剂,如0.1%克霉灵或0.1%多菌灵等杀灭环境中的毛霉菌孢子。

第二,培养期间,加强通风换气和降温管理,防止出现40℃以上高温,以免烧死菌种而长出毛霉。要保持培养室干燥,避免封口物潮湿。

第三,出现毛霉侵染后,及时挖出培养料,拌入新鲜培养料中,经灭菌后及时利用,或者烧毁和埋入土中。

图93 毛霉侵染状况及示意图

毛霉形态示意图

67

6. 曲　霉

危害毛木耳的曲霉主要有灰绿曲霉和黄曲霉。菌种中感染曲霉后，形成大量的孢子，抑制毛木耳菌丝生长（图94）。在棉塞和麦粒上极易生长曲霉。

(1) 发生条件

在高温、高湿下极易造成危害，主要是通过空气传播孢子而侵染。

(2) 防治方法

第一，培养菌种期间，要防止出现高温、高湿环境，加强通风换气，降低湿度，防止棉塞受潮滋生曲霉。

第二，使用麦粒菌种时，应在冬季接种，不宜在夏天接种，否则易在麦粒上长出曲霉。

第三，出现曲霉侵染后，及时挖出培养料，拌入新鲜培养料中，经灭菌后再利用，或者烧毁和埋入土中。

黄曲霉

灰绿曲霉

　图94　曲霉侵染形成大量的孢子

7. 细　菌

细菌感染菌袋后，菌种萌发能力弱，或不萌发生长，种块变黄，呈粘湿状，随后变成黑色(图95)。其病原菌为假单胞杆菌(*Pseudomonas* spp.)菌袋接种后因细菌大量繁殖，从而抑制菌种萌发生长。

(1) 发生条件

菌种中含有细菌。菌种的菌龄过长，细菌数量增多。

(2) 防治方法

第一，栽培种最好用瓶装菌种。生长原种的培养料要在高压锅内灭菌，才能杀灭细菌。

第二，栽培种的菌龄要短。菌丝长满瓶后，要及时使用，不能使用的，应在15℃以下保存。

第三，出现菌种能萌发但不吃料生长后，及时挖出培养料，并拌入新料中，再装袋灭菌和接种，加以利用。

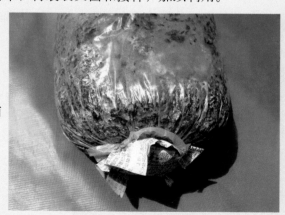

图95　细菌

8. 疣巴病

毛木耳菌袋上出现褐色斑块，较硬，并逐渐扩展，随后被木霉菌侵染（图96），从而造成不出耳。疣巴病是毛木耳生产中危害较严重的病，其病原菌为茄腐皮镰孢霉[*Fusarium solai* （Mart.)Sacc.]。

(1) 发生条件

培养料中含水量偏高，培养发菌期间温度高于 28℃，光照过强，易出现疣巴病。

(2) 防治方法

第一， 培养料中含水量不宜过高，以60%～65%为宜。

第二， 培养发菌期间，将温度控制在25℃左右，最高温度不得高于30℃。生产菌袋不宜过早，以菌丝体长满袋后，及时进行出耳，可有效地控制该病发生。

第三， 保持环境通风良好，干燥，将空气相对湿度控制在80%以下，并要做好遮光管理，避免强光照射。

第四， 耳房在使用之前，喷洒消毒剂，如0.1%的多菌灵或 0.1% 克霉灵等，清除耳房内的病原菌。

第五， 出现疣巴病时，可采取挖出病斑的方法去除，或者割去病斑表面上塑料薄膜，让其裸露出来，从而抑制病原菌扩展。

图96　疣巴病及茄腐皮镰孢霉示意图

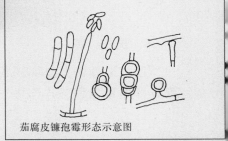

茄腐皮镰孢霉形态示意图

9. 粘 菌

被粘菌侵染后耳片上长出黄色网状物,或者耳片上长出许多针状物（图97）。其病原菌为粘菌类的针箍菌和美发网菌（*Stemonitis splendens* Rostaf）等。可造成耳片变质和腐烂。

(1) 发生条件

粘菌分布在阴暗潮湿环境中的枯草、朽木以及肥沃土中。喜酸性,在高温、高湿环境条件下发生。通过水、害虫和气流传播。

(2) 防治方法

第一, 耳房要求通风良好,避免出现高温、高湿环境。

第二, 出耳期间,保湿要使用清洁的水,干湿交替地进行水分管理,避免通过水传播。

第三, 出现粘菌侵染后,及时摘除染菌耳片,并烧毁;然后,喷洒 0.1% 克霉灵等杀菌剂,杀灭袋口上的粘菌。

图 97　耳片受粘菌侵害状

10. 流 耳

耳片变成胶质状流下（图98），并可传播，从而造成减产。其病原菌为细菌类。

(1) 发生条件

在高温、高湿、通风不良的环境条件下易发生。

(2) 防治方法

第一， 耳片生长期间，气温高于30℃时，加强通风换气，避免出现高温、高湿环境。

第二， 保湿要用清洁的水或自来水，干湿交替地进行水分管理；在夏天闷热的天气，要加强通风和降低湿度。

第三， 毛木耳成熟后，及时采收，以免耳片成熟过度后，遇到高温、高湿的天气引起流耳。

第四， 出现流耳后，及时摘除，并喷水冲洗去掉残渣，挖出袋口上的耳蒂，停止喷水，加强通风换气，待下一潮耳片形成后，再进行保湿管理。

图98 流 耳

11. 木耳泡囊病

毛木耳耳片呈泡囊状，表面潮湿，后期出现许多白色粉末层，有酸臭味(图99)，导致耳片生长停止，并互相传染。其病原有待进一步鉴定。

(1) 发生条件

温度、湿度大时易发生。通过害虫和水传播。

(2) 防治方法

第一， 耳房在使用之前，喷洒杀虫农药，消除害虫。

第二， 保湿要使用清洁井水或自来水，干湿交替地进行水分管理。

第三， 出现病害时，及时摘除病耳，并在袋口上喷洒0.1%克霉灵等杀菌剂除菌。

图99　木耳泡囊病及病原形态示意图

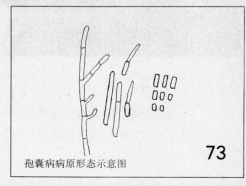

孢囊病病原形态示意图

73

12．畸形耳

耳基形成后，不形成耳片，而是长成指状耳（图100）。这是一种生理性病害，从而失去商品价值。

(1) 发生原因

是由于通风不良、二氧化碳浓度增高引起的。此外，使用农药或其他化学药品不当，出现药害，也会长成畸形耳。

(2) 防治方法

第一，耳基形成后，加强通风换气，保持耳房内空气新鲜，降低二氧化碳浓度，促使耳基分化成耳片，并健康地生长。

第二，出耳期间，不要使用农药和化学药品，以免引起药害，出现畸形耳。

第三，出现畸形耳后，及时摘除，改善环境条件，让下一潮耳片恢复正常生长。

图100　畸形耳

13．拳 耳

耳基形成，并能分化出杯状耳片，但耳片长不大，不能正常展开成片，而长成拳头状耳（图101），从而降低产品质量。

(1) 发生原因

耳基形成后，环境中湿度低于70%，或者耳基形成后遇到低温，生长发育受到抑制会出现拳耳；在出耳期间，喷洒了敌敌畏、水胺硫磷等农药，出现药害后可形成拳耳；生长期间，在耳房四周喷洒除草剂等农药，也会出现拳耳。有的拳耳还与菌种退化有关。

(2) 防治方法

第一，耳基形成后，加强水分管理，保持空气相对湿度在85%～95%之间，并要做好防低温（15℃以下）管理。

第二，耳房在使用之前和耳片生长期间不要使用对耳片生长有药害作用的农药，如敌敌畏、水胺硫磷和除草剂等农药。

第三，出现拳耳后，及时摘除，改善环境条件；若为药害引起的，应增加喷水量，以稀释残留的农药，并加大耳房通风换气量，让药物气味散发掉。

第四，使用优良菌种，不要将分离的菌种不经出耳试验就使用。

图101 拳耳

14. 块 状 耳

耳基形成后不开耳片，而耳基逐渐长大，表面出现许多皱褶，内部松软，颜色呈淡黄色(图102)，从而失去商品价值。但发生数量较少。

(1) 发生原因

发生原因不详，可能与菌种退化有关。

(2) 防治方法

做好菌种保藏和控制传代繁殖代数，避免菌种退化。

图102　块状耳

15．木耳孢子粉污染

耳片上形成一层白色粉末状物，即孢子粉(图103)。在湿度大时，还会形成线毛状菌丝层，即孢子萌发的菌丝体，从而造成耳片质量下降。

(1) 发生原因

耳片已成熟，并弹射出大量的孢子，附着在耳片上。

(2) 防治方法

第一，　耳片成熟后，在孢子尚未弹射之前采收，及时晒干或烘干。

第二，　耳片已成熟，但遇阴雨天气，无法干燥时，应停止喷水，加大通风量，减少孢子弹射量。

第三，　耳片将成熟，却遇连续阴雨天时，可在耳片长到8～9成熟，尚未形成孢子时就要采收，在阴干过程中，应摊放在通风干燥处。

第四，将附着有孢子粉的耳片，用清水洗净后，再晒干，这样可恢复耳片原来的质量。

图103　木耳孢子粉污染

（二）虫害防治

1．多菌蚊

多菌蚊(*Mycetophilidae Docosia*)幼虫危害菌丝体和耳片。危害菌种时，将菌丝体咬食殆尽。咬食耳片时，在耳片表面咬出许多凹槽，从而降低产品质量(图104)，还会导致流耳和杂菌侵染。

(1) 生活条件

多菌蚊适宜于在中低温环境下生活，在温度为15℃～25℃之间最为活跃，成虫在耳片或料袋口上产卵，幼虫取食耳片。喜在潮湿环境下生活。

(2) 防治方法

第一，培养室和出耳房在使用之前，打扫清除废旧菌渣，并喷洒3 000～4 000倍溴氰菊酯液等杀虫剂，杀灭害虫。

第二，出耳期间，干湿交替地进行水分管理，不要使耳片表面水分过多，以恶化多菌蚊幼虫生活环境。

第三，出现害虫危害后，摘除虫害耳，杀死害虫，清洗干净耳片及时晒干。

被害菌袋

图104　多菌蚊及被害菌袋

成虫

2．闽菇迟眼蕈蚊

闽菇迟眼蕈蚊(*Bradysia Minpleroei Yangoti Yang ec zhang.*)，属双翅目，尖眼蕈蚊科。以幼虫咬食菌丝和耳片，在耳片上吐丝结网，将耳片咬出凹沟，被害部位发粘，呈糊状(图105)，从而降低商品价值。

(1) 生活条件

在16℃~20℃之间大量繁殖取食，以蛹或幼虫越冬，每年发生2~3代。

(2) 防治方法

参照多菌蚊防治方法。

成虫　　耳片被害症状

图105　闽菇迟眼蕈蚊及耳片被症状

3. 夜　蛾

夜蛾(*Bleptina.* sp.)幼虫取食毛木耳耳片,将耳片咬出凹沟或缺刻(图106),从而降低产品质量。

(1) 生活条件

在夏季发生危害,幼虫喜高温,在35℃~37℃下均能正常取食。

(2) 防治方法

参照多菌蚊防治方法。

图106　被夜蛾咬坏的毛木耳耳片

4. 螨 虫

危害毛木耳的螨虫主要为木耳卢西螨(*Luciaphorus auriculariae, zou ec jian.*)。螨虫取食毛木耳菌丝体，使菌丝体消失。同时，也危害耳片，使耳片呈干朽状，生长停止，并导致木霉等杂菌侵染(图107)。

(1) 生活条件

在夏季发生危害，喜高温、高湿环境。

(2) 防治方法

第一，菌袋培养室和耳房在使用之前，清扫除净杂物，并喷洒杀螨类药物，如1 000倍菇净或2 000～3 000倍螨即死等。密闭好的培养室，用磷化铝熏杀螨虫。

第二、出现螨虫危害后，及时将菌袋搬出，高温杀灭螨虫后，挖出培养料再利用。耳片上出现螨虫危害时，及时摘除。

成虫

图107 螨虫及被害的菌袋和耳片

被害菌袋

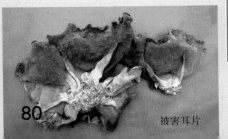

被害耳片

80

5. 线 虫

线虫极小，肉眼无法看清其形态，要在放大镜和显微镜下才可看清楚。线虫侵害耳片，使耳片潮湿、发粘、生长停止，最后引起流耳(图108)。

(1) 生活条件

在温度为15℃～30℃条件下，含水量大的腐殖质料中都有线虫分布。线虫群集在耳片上，喜在潮湿环境下生活。通过水、昆虫携带传播。

(2) 防治方法

第一，耳房在使用之前，要清扫去掉菌渣，加强通风换气，使耳房干燥，并喷洒杀线虫农药，如1∶500倍马拉松乳剂，或1%石灰水。

第二，耳片生长期间，加强耳房通风换气，干湿交替地进行水分管理，保湿要使用清洁的井水或自来水，不能使用池塘水。

第三，出现线虫危害后，及时摘除被害耳片，放入石灰水或食盐水中杀灭线虫。然后，喷洒0.1%食盐水杀灭线虫。

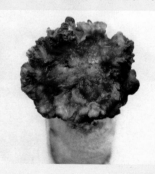

图108 线虫侵害耳片造成流耳

6. 蛞 蝓

又叫鼻滴虫、悬达子、粘粉虫、软蛏等。蛞蝓取食耳片，并咬出缺口，使耳片变为黑色，降低产品质量（图109）。蛞蝓常见的有野蛞蝓(*Agriolimax agrestis Linnaeus*)和双线蛞蝓(*Phiolomycus bilineatus*)等。

(1) 生活习性

蛞蝓常在中温阴湿的环境下生活，昼栖夜出，白天潜伏在阴暗潮湿的草丛、石块、砖块和土穴中，夜间出来寻食。

(2) 防治方法

第一，耳房周围清除杂草、瓦块和砖块，并在四周撒上石灰粉或菜籽饼粉，以形成隔离带等。

第二，出现蛞蝓危害后，在菌床上喷洒10%食盐水，或者将石灰粉撒在蛞蝓出入口和蛞蝓虫体上，使其死亡。

第三，在菌床四周放上新鲜嫩蔬菜或青草，引诱蛞蝓取食，然后集中杀灭。

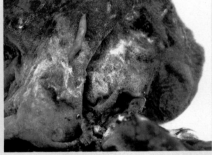

图109　耳片被蛞蝓咬出缺口，使颜色变黑

7. 跳 虫

该害虫危害耳片，群居危害，造成耳片产量下降，降低商品价值。常见跳虫有紫跳虫(*Hypogastrura communis Folsom*)，角跳虫(*Folsomia fimetaria Linne*)，黑角跳虫(*Entomobrya sauteri Borner*)，黑扁跳虫(*Xenylla longauda*

Folsom)和菇疣跳虫(*Achorutes* sp)等（图110）。

(1) 生活习性

跳虫常生活在枯木、垃圾、堆肥和废弃菌渣等腐朽物中和阴暗的环境里。生活的适宜温度为20℃～28℃，一年可繁殖6～7代。行动活泼，喜跳跃，一旦受到振动后，立即跳离。

(2) 防治方法

第一，耳房在使用之前，清除菌渣和各种腐败物，并喷洒2 500～3 000倍溴氰菊酯等农药杀灭害虫。

第二，出耳期间，出现跳虫后，将农药喷洒在纸上并滴上数滴糖蜜，分放在耳房内进行诱杀，或在耳房内放置装有水的盆，让跳虫跳入水中后再杀灭。

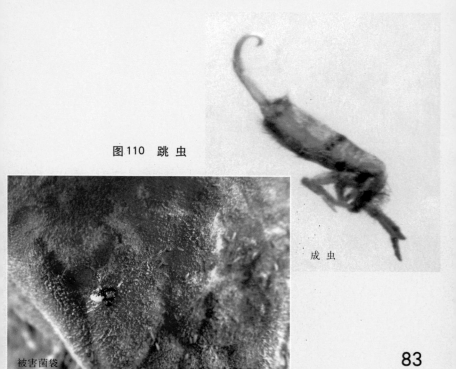

图110 跳虫

成虫

被害菌袋

主要参考文献

1 黄年来.自修食用菌学.南京：南京大学出版社， 1987
2 朱兰宝.中国黑木耳生产.北京：中国农业出版社，2002
3 黄年来.食用菌病虫诊治（彩色）手册.北京：中国农业
　出版社，2001
4 宋金俤．食用菌病虫害彩色图谱.南京：江苏科学技术出
　版社，2004

金盾版图书，科学实用，
通俗易懂，物美价廉，欢迎选购

方本修订版）	14.50元	瓜类豆类蔬菜良种	7.00元
怎样种好菜园（南方本第二版）	7.00元	瓜类豆类蔬菜施肥技术	5.00元
		菜用豆类栽培	3.80元
蔬菜生产手册	11.50元	食用豆类种植技术	19.00元
蔬菜栽培实用技术	20.50元	豆类蔬菜良种引种指导	11.00元
蔬菜生产实用新技术	17.00元	豆类蔬菜栽培技术	9.50元
蔬菜嫁接栽培实用技术	8.50元	豆类蔬菜周年生产技术	10.00元
种菜关键技术121题	13.00元	豆类蔬菜病虫害诊断与防治原色图谱	24.00元
菜田除草新技术	7.00元		
蔬菜无土栽培新技术	9.00元	南方豆类蔬菜反季节栽培	7.00元
无公害蔬菜栽培新技术	7.50元		
夏季绿叶蔬菜栽培技术	4.60元	菜豆豇豆荷兰豆保护地栽培	5.00元
绿叶蔬菜保护地栽培	4.50元		
绿叶菜周年生产技术	12.00元	黄花菜扁豆栽培技术	6.50元
绿叶菜类蔬菜病虫害诊断与防治原色图谱	20.50元	番茄辣椒茄子良种	7.00元
		蔬菜施肥技术问答	4.00元
绿叶菜类蔬菜良种引种指导	10.00元	日光温室蔬菜栽培	8.50元
		温室种菜难题解答	8.50元
根菜类蔬菜周年生产技术	8.00元	蔬菜地膜覆盖栽培技术（第二版）	4.00元
蔬菜高产良种	4.80元	塑料棚温室种菜新技术（修订版）	17.50元
根菜类蔬菜良种引种指导	13.00元		
		塑料大棚高产早熟种菜技术	4.50元
新编蔬菜优质高产良种	12.50元		
名特优瓜菜新品种及栽培	22.00元	大棚日光温室稀特菜栽培技术	8.00元
蔬菜育苗技术	4.00元	稀特菜保护地栽培	6.00元

以上图书由全国各地新华书店经销。凡向本社邮购图书者，另加10%邮挂费。书价如有变动，多退少补。邮购地址：北京太平路5号金盾出版社发行部，联系人徐玉珏，邮政编码100036，电话66886188。